Es folgen 9 Wegweiser

Vorwörter	1.	→	4
Das Permakultur-Haus	2.	→	6
Die Permakultur-Ethik	3.	→	8
B für Beobachten	4.	→	10
A für Analysieren	5.	→	16
D für Designen	6.	→	26
U für Umsetzen	7.	→	30
Z für Zelebrieren	8.	→	32
Fachwissen	9.	→	33

> "Die Philosophie hinter Permakultur ist eine Philosophie, die mit und nicht gegen die Natur arbeitet, eine Philosophie der fortlaufenden und überlegten Beobachtung und nicht der fortlaufenden und gedankenlosen Handlung."
>
> – Bill Mollison

→ 1. Wegweiser

Vorwörter

Die Vorgehensweise in der Permakultur nennt sich Permakultur Design, also permakulturelle Gestaltung und diese folgt bestimmten Gestaltungsprinzipien, die ich dir im groben Muster erklären möchte.

Eins noch vorab: Lass dir gesagt sein, dass du jedes, wirklich jedes Projekt, mit diesem Vorgehen gestalten kannst, vom Schnürsenkelbinden bis hin zum Berge versetzen.
Zu unkonkret? Du kannst damit deinen Schreibtisch, dein Wohnzimmer, Balkon, dein nächstes Jahr, deine Urlaubsreise allein oder mit anderen, dein Ressourcen- und Abfallmanagement, ein NachbarschaftshilfsNetzwerk, eine solidarische Landwirtschaft, einen Waldkindergarten, ein Festival oder einen Film vom Traum bis zur Umsetzung bringen, sogar noch ein kleines Stückchen weiter, aber der Reihe nach.

Normalerweise starten wir in ein Permakultur-Design-Projekt mit einer offenen Fragestellung zu einem Thema, um dann dafür eine entsprechend kontextangepasste Lösung zu finden, die den jeweiligen Umständen möglichst am besten entspricht.

Das könnte dann etwa so klingen:
Wie können menschliche Ausscheidungen auf einem kleinen Festival ökologisch-verträglich verwertet werden?

Ich persönlich arbeite allerdings auch gerne mit einem klar definierten Anliegen für das, was genau ich überhaupt gestalten möchte.

Aber Achtung! Dabei besteht die Gefahr sich in einer Lieblingsidee zu verrennen, an der du dann später, womöglich wider besseren Wissens, geneigt bist festzuhalten, also Obacht!

Der Einfachheit halber gehen wir jetzt mit einer konkreten Zielstellung weiter, damit der beispielhafte Prozess für dich leichter greifbar wird.
Wir formulieren unser sogenanntes Gestaltungsanliegen.

Dazu kannst du als Methode die SMART-Kriterien nutzen. SMART steht für: spezifisch, messbar, attraktiv, realistisch und terminiert, also zeitlich begrenzt.

Ein Beispiel dafür wäre:

„Ich möchte für das allererste, kleine und gemütliche Humus-Festival 2022 im Raum Fulda für 60 Menschen ein Kompost-Toiletten-System als erweiterbaren Prototypen designen, bauen und nutzbar halten."
Das könnte an der Stelle als Gestaltungsanliegen schon ausreichen, wir gehen aber noch ein kleines Stück weiter:

Genauer gesagt soll es eine Trocken-Trenn-Toilette werden. Bei diesem System wird fest von flüssig separiert. Die Konstruktion soll außerdem ressourcenschonend sein. Das heißt, mein Ziel ist es nur vorhandenes Material aus Altbeständen und aus lokal verfügbaren und nachwachsenden Rohstoffen zu verwenden. Das Bauwerk soll neben seiner Zweckmäßigkeit und primären Funktion als Ort für den Toilettengang noch weitere Funktionen erfüllen. Ich denke da zum Beispiel an ein halbautomatisch bewässertes, vertikales Duftpflanzen-Beet. Ebenso soll es eine möglichst hohe Beständigkeit aufweisen, also eine baulich stabile, sichere, hygienische und lange haltende Konstruktion darstellen. Aber auch die Ästhetik darf nicht zu kurz kommen. Das Toiletten-Häuschen sollte sich optisch in seine Umgebung eingliedern und sie zugleich aufwerten.

Das ist jetzt eine sehr ausführliche Version. Ein knackiger Satz genügt auch völlig.
Wichtig ist, dass klar wird, worum es genau gehen soll.

Dein Gestaltungsanliegen ist ausserdem nicht in Stein gemeisselt und darf sich im weiteren Verlauf der Planung gerne mitentwickeln und ausformen.

Wie gesagt, solltest du irgendwann merken, dass die Zielsetzung in deinem Gestaltungsanliegen in Bezug auf deinen gegenwärtigen Wissensstand nicht mehr angemessen ist und es erhebliche oder zweifelhafte Aufwendungen bräuchte, um daran festzuhalten und diesen Kurs weiterhin durchzusetzen, dann lass davon los und besinn' dich zurück darauf, worum es dir bei dem Projekt eigentlich wirklich geht.

Wie auch immer.

Als nächstes machst du das gleiche noch einmal und formulierst jetzt dein Lernanliegen.

Dabei stellst du dir die Fragen:
Warum mache ich das Projekt?
Also, was genau möchte ich dabei lernen?
Und: welche Fähigkeiten möchte ich dabei entwickeln?

Ein Beispiel dafür wäre:
„Ich möchte im Detail mein Wissen darüber vertiefen, welche Abläufe und Prozesse hinter der Kompostierung, besonders der von menschlichen Hinterlassenschaften stecken und lernen, wie ich diese natürlichen Stoffkreisläufe auf kurzem Wege, ökologisch und hygienisch einwandfrei schließen kann. Ich möchte meine handwerklichen Fähigkeiten in Planung, aber vor allem in der Umsetzung verbessern.
Ich fühle mich sehr unsicher in der Verwendung von Handmaschinen. Dieser Herausforderung möchte ich mich stellen. Außerdem möchte ich lernen, wie ein Permakultur Design funktioniert."

Jetzt hast du den Rahmen deines Projektes abgesteckt und im besten
Fall die sechs W-Fragen: Was?, Wer?, Wann?, Wie?, Wo? und Warum?, soweit es dir im Moment möglich ist, beantwortet.

------ *Merkbox* --

Fragestellung: Beginne mit einer offenen oder konkreten Fragestellung, die den Kontext des Projekts beschreibt.

Vorsicht: Vermeide es, dich in einer bestimmten Idee zu verfangen, nur weil sie dir persönlich am meisten gefällt.

Gestaltungsanliegen formulieren: Definiere, was du genau erreichen möchtest.
Nutze die SMART-Kriterien: spezifisch, messbar, attraktiv, realistisch und zeitlich begrenzt. Ein klares Gestaltungsanliegen ist nicht endgültig; es kann sich im Laufe der Zeit entwickeln.

Lernanliegen definieren: Frage dich, was du aus dem Projekt lernen möchtest und welche Fähigkeiten du entwickeln willst.

Rahmen abstecken: Beantworte die sechs W-Fragen – „Was?", „Wer?", „Wann?", „Wie?", „Wo?" und „Warum?" – um den Kontext und die Ziele deines Projekts klar zu definieren.

Selbstreflexion, Flexibilität und Anpassungsfähigkeit: sind Schlüsselkomponenten in der Permakultur. Wenn du merkst, dass dein anfängliches Gestaltungs- oder Lernanliegen nicht mehr passt, überdenke es und passe es entsprechend an. Es geht nicht nur um das Ergebnis, sondern auch um den Prozess.

→ 2. Wegweiser

Das Permakultur-Haus

Als nächstes kommt das Permakultur-Haus ins Spiel:

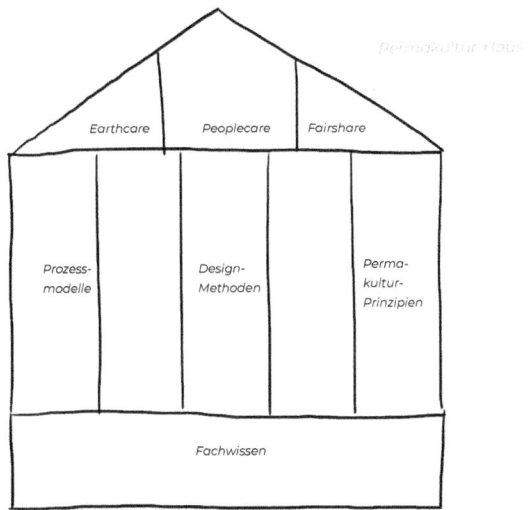

Diese kleine Grafik, gibt dir einen guten Überblick über das Muster der permakulturellen Gestaltung.

Das Dach des Hauses besteht aus der Permakultur-Ethik:

Earthcare, das bedeutet: trage Sorge für die Erde.

Peoplecare, trage Sorge für die Menschen.

Und Fairshare, das meint eine gerechte Verteilung von und den verantwortungsvollen Umgang mit Ressourcen.

Drei Säulen halten dieses Dach:
Die erste Säule steht für: Prozessmodelle.

Es gibt verschiedene Prozessmodelle. Was sie eint, ist, dass sie dir einen Struktur-Fahrplan für dein Projekt bieten.
Meistens basieren diese Modelle auf folgenden Projekt-Phasen:

1. Beobachten, 2. Analysieren, 3. Designen, 4. Umsetzen und 5. Reflektieren

Die Phasen sind dabei fraktal.
Das bedeutet, dass sich innerhalb deiner Umsetzungs-Phase beispielsweise das Muster dieses Prozessmodells oder einzelne Phasen daraus beliebig oft wiederholen können.

Während du an deiner Konstruktion baust, deinen Plan also umsetzt, kommst du meist um ein erneutes Beobachten, Analysieren, Designen oder Reflektieren von verschiedenen Einzelheiten und Teilabschnitten deiner Arbeitsschritte nicht drum 'rum.

Es kann sehr dienlich sein, einen Moment innezuhalten und sich diesen manchmal vermeintlichen Ablenkungen bewusst zu widmen, um agil zu bleiben und kreativ auf Veränderungen reagieren zu können.

Außerdem bilden die Projekt-Phasen einen ewigen Kreislauf. Das meint, wenn du ganz am Ende deines Projekts reflektiert hast, kannst du im Prinzip direkt wieder von vorne mit der Beobachtung"starten. Ein Kreislauf, der praktisch spiralförmig ist, denn mit jeder neuen Runde steigst du tiefer und tiefer in die Materie deines Projekts ein.

Nochmal kurz gesagt: Ein Prozess-Modell bietet dir eine Struktur, damit du dich mit deinem Projekt nicht verzettelst oder verrennst.

Die zweite Säule steht für: Design-Methoden.

Die Vielfalt der verschiedenen Design-Methoden ist enorm. Denn die Permakultur bedient sich dabei aus allen möglichen Disziplinen, beispielsweise dem Business Management, der Psychologie, den Sozial- und Naturwissenschaften, oder auch aus den praktischen Bereichen der Garten- Landschaftsgestaltung oder anderen Gewerken.

Es gibt für jede der erwähnten Projekt-Phasen, diverse DesignMethoden.
Konkret bedeutet das: Befindest du dich gerade in der Projekt-Phase "Beobachten, kannst du unterschiedlichste Methoden nutzen, um dir einen möglichst ganzheitlichen Überblick über den momentanen ISTZustand und deinen subjektiv, idealen SOLL-Zustand deines Projektes zu verschaffen.

Manche Methoden sind speziell für manche Projekte situativ 'mal mehr und 'mal weniger geeignet.
Die Methoden sind wie Werkzeuge in deinem Werkzeugkoffer. Der Hammer passt eben besser zum Nagel als zur Schraube.
Oft ist es auch eine Frage des Stils oder Geschmacks, welche Werkzeuge du gerne häufig benutzt oder irgendwann, nachdem du viel Übung darin hast: welche Werkzeuge du für deine Zwecke mit anderen vermischt oder umformst.

Zu all dem werde ich gleich noch mehr ins Detail gehen.

Die dritte Säule steht für: Permakultur-Prinzipien.

Es gibt 3 gängige Prinzipien-Sets.
Bill Mollison und David Holmgren haben jeweils ein solches Set entwickelt und dann gibt es noch die Ökosystem-Kriterien.
Sie beschreiben Eigenschaften stabiler Ökosysteme und lassen sich hervorragend auch auf andere Ebenen transponieren, so wie in meinem Beispiel auf die Planung und Konstruktion eines Trocken-Trenn-Toiletten-Systems.

Zum Schluss ist da noch das Fundament des Permakultur-Hauses, gebildet aus dem Fachwissen.

---- Merkbox ----

Permakultur-Haus-Struktur:
Dach (Ethik): Earthcare: Sorge für die Erde, Peoplecare: Sorge für Menschen.
Fairshare: Gerechte Ressourcenverteilung und verantwortungsvoller Umgang.

Drei Säulen: 1) Prozessmodelle: Strukturierte Schritte: Beobachten, Analysieren, Designen, Umsetzen, Reflektieren. Fraktale Phasen: Wiederholung innerhalb der Hauptphase möglich. Kreislauf: Nach Reflektieren, beginnt Beobachten erneut. 2) Design-Methoden: Vielseitige Werkzeuge aus diversen Disziplinen. Passende Methode für jede Projekt-Phase. Methodenwahl basiert auf Projekt, Stil und Geschmack. 3) Permakultur-Prinzipien: Drei Hauptsets: von Bill Mollison, David Holmgren und Ökosystem-Kriterien. Beschreiben stabile Ökosysteme, anwendbar auf verschiedene Ebenen.

Fundament: Fachwissen. Halte Struktur und Prinzipien im Blick, um erfolgreich in der Permakultur zu arbeiten.

→ 3.
Wegweiser

Die Permakultur-Ethik

Soweit erstmal alles klar?

Dann geht jetzt die Arbeit an dem Haus los:

Du schnappst dir das Dach und davon jeweils einen Ethikpunkt nach dem anderen. Fangen wir 'mal mit Earthcare an.

Du stellst dir die Frage:
In Bezug auf dein Gestaltungs- und Lernanliegen, was kann mein Projekt zum Erhalt, zur Pflege und zum achtsamen Umgang mit unserer Erde beitragen?

Das kann ein kleiner Text sein, so wie:
„Nahezu alle Wasserklosetts werden mit Trinkwasser gespeist. Zwischen drei und sieben Liter fließen pro Spülgang im wahrsten Sinne des Wortes den Bach 'runter und das, um meistens nur 100 bis 300 Milliliter Urin und in einigen Fällen zusätzlich 50 bis 250 Gramm Stuhl in die Kanalisation zu befördern.
Was noch viel gravierender dabei ist, ist das die wertvollen Nährstoffe aus unseren Hinterlassenschaften in den Kläranlagen in Klärschlamm verwandelt werden, der wiederum nach energieaufwendiger Trocknung hauptsächlich zur Energieerzeugung verbrannt wird.

Das hat sicherlich alles seine Gründe und gewachsenen Berechtigungen in einem riesigen System von Millionen von Menschen. Insbesondere für die, die in den Städten leben, wo Kompost-Toiletten wirklich nur schwer in den Alltag integrierbar sind.

Bei einer kleinen Gruppe von 60 Menschen auf einem schönen Plätzchen in der Natur kann man aber auch gerne etwas anders vorgehen.
Zumal: Die im Moment noch am weitesten verbreitete Festival-Alternative wäre die gemeine Dixi-Toilette und davon möchte ich gar nicht erst anfangen.
Deshalb auch vielen Dank an Goldeimer für euren Einsatz an der Stelle!
Eine Trocken-Trenn-Toilette kommt komplett ohne Wasserspülung aus und in ihr wird aus unserem Kot mithilfe der sogenannten Einstreu nach einiger Zeit wertvoller Humus.
Der wiederum in der unmittelbaren Umgebung dem Boden zugeführt werden kann. Kein Wasserverbrauch. Kein energieaufwendiger Klärprozess. Keine Chemie. Kein Transport. Keine grossen Anlagen.
Dafür aber guter, nährstoffreicher und fruchtbarer Oberboden an Ort und Stelle."

Das Ganze muss gar nicht so ausführlich sein.
Du kannst dir auch einfach brainstorm-mässig Stichworte aufschreiben.
Alles was dir einfällt.

Kreise die Punkte ein, die dir am meisten am Herzen liegen und worauf du wirklich deinen Fokus legen möchtest.
Auch diese Liste kannst du im Verlauf des Projektes weiter ergänzen.

Das gleiche machst du mit den Punkten Peoplecare und Fairshare.

Du fragst dich also:
„Was kann mein Projekt zum Erhalt und achtsamen Umgang mit den Menschen und unserer Gesellschaft beitragen?"

Und: „Was kann mein Projekt zur gerechten Verteilung und dem verantwortungsvollen Nutzen von Ressourcen beitragen?"

Diese Methode vertieft dein Gestaltungs- und Lernanliegen.

Es hilft zudem die Bereiche: Ökologie, Soziales und Ökonomie als Facetten deines Projekts schon ganz am Anfang aktiv miteinzuweben, dabei die Ganzheitlichkeit im Blick zu behalten und somit ein wunderbar nachhaltiges Projekt zu erschaffen.

So weit so gut!

Die Schritte bis hier hin schweben jetzt wie ein Nord-Pfeil über deinem Projekt, als Dach eben.
Du weisst, worum es geht und wohin es gehen soll!

----- Merkbox ---

Projektstart: Beginne mit dem "Haus" deines Projekts. Nimm das "Dach" des Hauses: Betrachte Ethikpunkte wie „Earthcare", „Peoplecare" und „Fairshare".

Earthcare: Achtsamer Umgang mit und Schutz der Erde, etwa durch Minimierung des Wasser- und Energieverbrauchs, insbesondere bei der Abwasserentsorgung.

Peoplecare: Berücksichtigung und Förderung des Gemeinwohls und der Bedürfnisse von Menschen allgemein, als auch Menschen im Projekt und dir selbst.

Fairshare: Gerechte Verteilung und verantwortungsbewusster Umgang mit Ressourcen, um Nachhaltigkeit und Gerechtigkeit zu gewährleisten.

Integriere die Aspekte Ökologie, Soziales und Ökonomie von Anfang an in dein Projekt.

Frage dich: Wie kann mein Projekt in Bezug auf diese Punkte positiv beitragen? Notiere alle Ideen, auch kurz und stichwortartig.

Fokus setzen: Markiere die wichtigsten Punkte, auf die du dich konzentrieren möchtest. Behalte die Ganzheitlichkeit im Blick. Du kannst die Liste im Laufe des Projekts erweitern.

Der Ansatz der Permakultur verwebt ethische Grundsätze (Earthcare, Peoplecare, Fairshare) in die Planungs- und Umsetzungsphase eines Projekts, um Nachhaltigkeit und einen positiv konstruktiven Einfluss sicherzustellen.

Ergebnis: Ein ganzheitliches Projekt mit klarem Fokus und Richtung.

→ 4. Wegweiser

Beobachten, das B von BCADUZ

Jetzt steigen wir richtig ein und kommen zur ersten Säule:

Suche dir ein Permakultur-Prozessmodell aus, diese nennen sich zum Beispiel:
BADUZ, 8-Schilde, OBREDIMET, DragonDreaming, 5Ds, Design Web, SADIM, CEAP, der partizipative Gestaltungsprozess und die ActionLearningSpirale.

Jetzt sind sicher gerade einige meiner Kollegen zusammengezuckt. Ich finde die ActionLearningSpirale ist ein Prozessmodell, allerdings nur, wenn sie zwei Mal hintereinander durchlaufen wird.

Diese Prozess-Modelle haben alle ihre spezifischen Eigenschaften, Eigenheiten und Ausprägungen in einzelnen Prozess-Phasen.

Als Anfänger*in empfehle ich dir aber erst einmal ein Basis-Modell, wie BADUZ.
Es steht wie bereits erwähnt für: Beobachten, Analysieren, Designen, Umsetzen und Zelebrieren, was auch Reflektieren, Feiern und Wertschätzen meint.

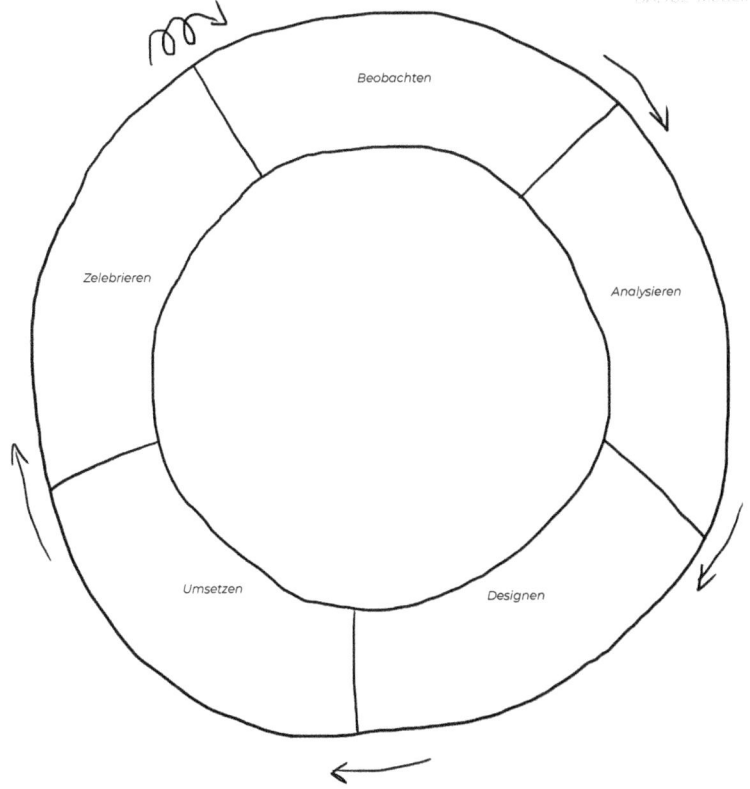

BADUZ-Modell

Diese Phasen sind jetzt dein Projekt-Fahrplan und wenn du gerade frisch in der Permakultur unterwegs bist, dann ist es sehr, äußerst und unbedingt ratsam, dass du dich zur Übung genau daranhältst, um dich an diese Struktur zu gewöhnen.
Was heisst das?

Unter die Phase Beobachten fällt alles, was du brauchst, um für dein Projekt Bewusstsein zu entwickeln, deine Motivation zu klären und sämtliche Informationen zu sammeln, die du bekommen kannst.

Und schon sind wir innerhalb der Beobachtungs-Phase bei der zweiten Säule des Hauses, den Methoden angelangt.

Lass dir direkt gesagt sein: Je grösser ein System ist, das wir betrachten, desto komplexer ist es auch. Denn es besteht aus unzähligen Einzelteilen, die aus endlosen Perspektiven betrachtet, irgendwie in den vielfältigsten temporären Wechselwirkungen miteinander stehen.

Aber der Reihe nach:
Auf welche Arten und Weisen kannst du beobachten, also dir über den Ist- und den idealen Soll-Zustand des Projekts bewusst werden?

Es kommt etwas darauf an welche Ausrichtung dein Projekt hat. Danach wählst du deine Methode aus. Je nachdem, ob es ein eher land- oder sozialbasiertes Projekt ist, eignet sich womöglich eine andere Herangehensweise aus dem „Werkzeugkoffer".

Für landbasierte Projekte eignet sich die „Basemap" als Methode hervorragend.
Dabei machst du eine Bestandsaufnahme deines Geländes auf einem Katasterplan samt Grundstücksgrenzen, Massstab und Legende mit möglichst allen dort auffindbaren Elementen und Einflüssen.
Du kartierst auf diesem Plan also nicht nur die Strukturen und Topografie, die verschiedenen Pflanzen- und Tierarten, sondern dokumentierst auch alle Einflussfaktoren, Sektoren genannt, wie Sonne, Licht, Schatten, Feuchtigkeit, Trockenheit, Lärm, Gerüche und so weiter, sowie die Energie- und Stoffflüsse, beispielsweise Warm- und Kaltluftströmungen, Wege bis hin zu Boden- und Wasserproben einzelner Standorte und das alles am besten einmal zu jeder Jahreszeit.

Das alles kann hilfreich sei, um zum Beispiel einen optimalen Standort für dein Bauvorhaben auswählen zu können.

Innerhalb unserer Atmosphäre sind Systeme unter natürlichen Bedingungen nie isoliert, also immer vernetzt mit anderen Systemen rundum. Es geht nicht bloss um die paar Quadratmeter, auf die wir unser Toiletten-System bauen wollen. Wir dürfen möglicherweise auch die von außen einfliessenden Faktoren wie das Grossklima, wandernde Tierarten, die Sukzession der Landschaft, die Nachbarschaft, eventuelle Traditionen, tiefgehende kulturelle Techniken oder die Entwicklungsgeschichte des Ortes selbst auf keinen Fall vernachlässigen, wenn wir ein nachhaltiges Projekt schaffen möchten.

Du kannst hierzu zusätzlich Recherche im Internet betreiben, auch um dich von anderen Toiletten inspirieren zu lassen, ecosia 'mal Goldeimer. Du kannst Die heilige Scheisse von Friedensreich
Hundertwasser oder das Büchlein Das Kompost-Klo von Christian Kuhtz aus der Kult-Reihe Einfälle statt Abfälle"zurate ziehen.

Noch eine Möglichkeit wäre es auch einfach einige Orte zu besuchen, an denen Trocken-Trenn-Toiletten bereits seit mehreren Jahren ordentlich genutzt werden.

Ausserdem solltest du herausfinden, woher dein regionales SecondhandBaumaterial und die Werkzeuge bezogen werden können.

------ *Merkbox* --------------------------------------

Prozessmodell wählen: Es gibt verschiedene Permakultur-Prozessmodelle. Für AnfängerInnen wird das Basis-Modell „BADUZ" empfohlen.

BADUZ:
Beobachten: Sammle alle Informationen, die für dein Projekt relevant sind.
Analysieren: Untersuche die gesammelten Daten.
Designen: Plane dein Vorhaben.
Umsetzen: Bring dein Projekt in die Praxis.
Zelebrieren: Feiere und reflektiere deine Erfolge.

Ferner ist es elementar auch bei den Geländeeigentümer*innen und bei den letztendlichen Nutzer*innen abzufragen, wie sie denn dazu stehen.
Wie das Ganze gestaltet sein müsste, damit es von ihnen auch mit einem ausgesprochen guten Gefühl benutzt werden kann.
Es bringt ja nichts, wenn die Toilette später für dich super aussieht, aber keiner draufgeht.

In der Interview-Methode überlegst du dir dazu allerhand Fragen zu deren Vorstellungen, Bedürfnissen und womöglich auch ergonomischen Massen, damit du diese in deine Planung miteinbeziehen kannst.

Vielleicht beobachtest du eine grundsätzliche Skepsis gegenüber dem Thema, was nicht unüblich wäre.

Was sind die Bedingungen für dein Vorhaben?

Wahrscheinlich ist es ein zentrales Thema, dass sich keine lästigen Gerüche verbreiten, das Bauwerk nicht zu viel Platz wegnimmt, mobil sein soll oder, dass es auch sicher genug und angepasst für die Nutzung durch Kinder wird.

Es kann schon ziemlich herausfordernd sein die Beziehungen und Dynamiken einer Fensterbank-Topfpflanze in Gänze nachvollziehen zu wollen. Wenn wir uns jetzt als Projekt ein dauerhaftes Bauwerk auf einem womöglich gemeinschaftlich verwalteten Gelände vornehmen, dann ist eine wirklich, wirklich gründliche Beobachtung ein Muss.
Zu den örtlichen Gegebenheiten, kommen dann nämlich unweigerlich noch die Sozialen.

Gerade die soziale Komponente eines Projekts ist niemals zu unterschätzen, denn die psychischen Prozesse von Menschen und besonders von Menschen in Gruppengefügen machen von Haus aus an Komplexität jeder Blume im Topf und sei sie noch so gross, den Rang streitig.

In Gruppen gibt es zum Beispiel verschiedene Rollen, wie die Anführer*innen, Ja-Sager*innen, Fach-Leute, Hilflose, Arbeitspferde, Clowns, Kritiker*innen, kein-Bock-Leute, Außenseiter*innen, Sündenböcke, Vermittler*innen und noch allerlei andere.

Wer dabei wer ist, ist nicht konstant feststehend, das kann sich unter Umständen je nach Stimmung, Tageszeit oder eben auch Perspektive drehen und beliebig verändern.

Ausserdem durchläuft jede Gruppe verschiedene Phasen im Zusammenleben und in der Zusammenarbeit.
Die Phasen laufen stets etwa gleich ab.
Die Länge der einzelnen Phasen ist jedoch nicht vorhersagbar.

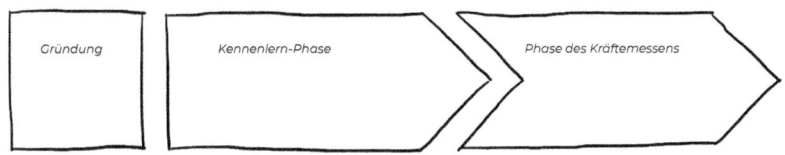

Nummer 1: Die Kennenlernen-Phase.
In ihr gibt es noch kein Gemeinschaftsgefühl.
Die Initiator*innen dieser Phase sind die grössten Bezugspersonen.
Vorwiegend herrscht Zurückhaltung und gegenseitiges Beschnuppern:
„Lohnt es sich mit diesen Menschen zusammen etwas zu starten?"

Nummer 2: Die Phase des Kräftemessens.
Zur Findung der eigenen Rolle innerhalb der Gruppe wird in dieser Phase eine Art Rangordnung ausgelotet.
Wer ist wer? Und wer bestimmt hier eigentlich?
Dabei bilden sich Beziehungen und Sympathien, aber auch Konflikte. Die Initiator*innen werden hier oftmals zu Projektionsflächen.
Also Achtung: wenn du Initiator*in bist, das gehört unter Umständen leider zu deiner Rolle dazu.

Nummer 3: Die Vertrauens-Phase.
Langsam stellt sich ein „Wir-Gefühl" ein.
Die Anzahl der Gruppenmitglieder*innen stabilisiert sich.
Die Stärken und Schwächen der einzelnen sind bekannt, werden toleriert, ja sogar wertgeschätzt.
Die Initiator*innen, sollten sie bis hierhin überlebt haben, gelten nun oft als Vorbilder.

Nummer 4: Die Phase der Gruppenidentität.
Das Gruppengefühl ist so stark, dass die Gruppe jetzt ordentlich 'was wuppen kann.
Sie ist zu einem Uhrwerk geworden, in dem jede und jeder wichtig ist und mitanpackt.
Es gibt ein klares Commitment, welches auch längerfristige Planungen ermöglicht.
Die Initiator*innen, sollten sie natürliche Autorität, Kompetenzen und den Zuspruch der Gruppe haben, übernehmen oft Führungsrollen mit dem Blick für das grosse Ganze.
In dieser Phase neigen Gruppen dazu sich nach außen von anderen Gruppen abzugrenzen.
Es hilft der Identifikation nach innen, steht Vernetzung und offenem Austausch nach aussen jedoch möglicherweise auch im Wege.

Nummer 5: Die Auflösungs-Phase.
Hier ist zum Beispiel das Gruppenziel erreicht, die Bedürfnisse erfüllt oder das Interesse verebbt.
Es kommt zur Auflösung der Gruppe und dem Schwelgen in Erinnerungen, erlebten Geschichten und Abenteuern.
Die Gruppenleiter*innen, vielleicht waren es zu Beginn die Initiator*innen, begleiten diesen Prozess und unterstützen dabei eventuelle Wehmut wieder in Kraft und Freude zu wandeln.

Phasen einer Gruppenbildung und -entwicklung

4. Wegweiser

Für die Beobachtung von Dynamiken innerhalb von Projekten mit einem Fokus speziell auf sozialen Strukturen, wie der Gründung oder Organisation von Vereinen, Solidarischen Landwirtschaften, Transition Town-Bewegungen, Freien Schulen, Unternehmen oder Gemeinschaftsprojekten welcher Art auch immer gibt es teils ganz eigene Methoden, basierend zum Beispiel auf der Chaos-, Feld-, Spiel- oder Systemtheorie. Deep Democracy, DragonDreaming, die Mustersprache des Commoning"und Soziokratie sind Schlagworte, die ich in dem Zuge auch einfach 'mal so in den Raum werfen möchte.

Zurück zum Wesentlichen:
Den Anspruch zu haben möglichst viele Informationen über Lebewesen, Elemente, Bedürfnisse, Beziehungen und Einflussfaktoren zu sammeln, ist auf jeden Fall angebracht. Versuch' dabei erstmal wirklich nur zu beobachten, also alle deine Annahmen, Wertungen, Interpretationen, Deutungen oder Rückschlüsse aussen vor zu lassen.

Es geht nur um die wahrnehmbaren Fakten und Faktoren.

Merk dir: Es kann nie genug beobachtet werden!

Das ist definitiv so, soll allerdings auch kein Aufruf zum Perfektionismus sein! Von dem verabschiedest du dich dir zuliebe sowieso am besten vorweg.
Du kannst endlos in den Mikro- und Makrokosmos eintauchen und dein Leben lang beobachten, ohne eh irgendwas anderes zu machen.
Darum geht's aber gar nicht, sondern darum weitsichtig alle relevanten Informationen für dein Projekt zusammenzutragen, damit es auch weiter gehen kann.

Die Komplexität grosser Systeme im Detail und in Gänze zu begreifen, dem sind wir einfach nicht gewachsen.

Allein der Versuch einen formvollendeten perfekten Plan zu schmieden, der dann auch genauso über längere Zeit bestand hat ist naja.

Der Wandel wird nie aufhören dich zu überraschen.

Diese Erkenntnis im Hinterkopf erfüllt, mich zumindest, mit Faszination, Demut und Respekt für das gelungen geniale Kunstwerk Natur mit seiner Fülle an emergenten Prozessen in stetig stabilem Ungleichgewicht.

Ausserdem entspannt mich das, denn Fehler zu machen gehört einfach dazu, ohne sie geht's nicht.
Das Lernen hört eben nie auf und mit dieser Einstellung kann ich selbst auch möglichst agil, flexibel und dynamisch bleiben.

---- *Merkbox* ----

Bei Projekten ist eine gründliche Beobachtung essentiell, insbesondere der sozialen Strukturen und Dynamiken.
Innerhalb von Gruppen gibt es verschiedene Rollen und Phasen, die sie durchlaufen.

Kennenlernen-Phase: Zurückhaltung und gegenseitiges Abtasten.
Kräftemessen-Phase: Findung der eigenen Rolle und Ausloten von Rangordnungen.
Vertrauens-Phase: Ein „Wir-Gefühl" bildet sich.
Gruppenidentität-Phase: Die Gruppe funktioniert wie ein Uhrwerk.
Auflösungs-Phase: Das Gruppenziel ist erreicht und die Gruppe löst sich auf.

Innerhalb der Gruppe variieren Rollen und Dynamiken und sind von diversen Faktoren beeinflusst, darunter emotionale und soziale Komponenten.
Methoden und Theorien wie Deep Democracy, DragonDreaming, Soziokratie, Chaos-, Feld-, Spiel- und Systemtheorie können bei der Gestaltung und Führung von Gruppen nützlich sein.
Perfektionismus sollte vermieden werden. Es ist wichtig, flexibel und dynamisch zu bleiben.
In der Akzeptanz des Unvorhersehbaren und dem Respekt vor dem Wandel kann die wahre Schönheit der Gruppenarbeit und des Lernens entdeckt werden!

Machen wir 'mal weiter.

Such dir am besten mindestens drei Beobachtungs-Methoden raus und durchlaufe sie. Danach reflektierst du deine Arbeit mit den Methoden kurz.

Stell dir die Fragen:
Hat mir diese Methode geholfen?
Was war mein grösster AHA-Moment dabei?
Welche Fragen haben sich ergeben?
Wo hätte die Arbeit mehr flutschen können?

Diese kurze Reflexion machst du am besten nach jeder angewandten Methode, so lernst du deine Werkzeuge besser kennen, schärfst sie und bringst Ordnung in deinen Werkzeugkoffer.

------ Merkbox ------

Beobachtungsphase: Beobachten ist zentral, dabei sollte man sich auf wahrnehmbare Fakten konzentrieren, ohne Wertungen und Annahmen.
Entwickle Bewusstsein für dein Projekt.
Kläre deine Motivation.
Sammle sämtliche Informationen.
Je nach Projektart und -ausrichtung (land- oder sozialbasiert) variieren die Beobachtungsmethoden und -tools.
Wähle mindestens drei Beobachtungsmethoden aus und wende sie an.
Reflektiere nach jeder Methode: Was hat geholfen? Welche Erkenntnisse gab es? Was könnte verbessert werden? Die kontinuierliche Reflexion ermöglicht es, Werkzeuge besser zu verstehen und effektiv einzusetzen.

Beachte: Jedes System ist komplex und mit anderen Systemen verbunden. Berücksichtige alle Faktoren und Perspektiven für ein nachhaltiges und erfolgreiches Projekt.

→ 5.
Wegweiser

Analysieren, das A von BCADUZ

Nachdem du also alle möglichen und hoffentlich relevanten Daten zu deinem Projekt gesammelt hast, kommst du in die Analyse-Phase.

In diesem Schritt kannst du jetzt relativ gut abwägen zum Beispiel welche Standorte für deine Konstruktion welche Vor- und Nachteile bieten würden.

Kleines Beispiel:
Die Toilette in der Nähe einer Küche. Hat den Vorteil, dass der Weg vom Essen zum Geschäft sehr kurz ist.
Ein Nachteil ist, dass Fliegen so auch leicht Keime vom Geschäft zum Essen transportieren können.

Natürlich hast du in deiner genauen Beobachtung bemerkt, auf welcher Zusammensetzungen des Kompostes viele Fliegen zu finden sind und was es braucht, damit das Ganze eher uninteressant für sie gestaltet ist. Nichtsdestotrotz ist es eine gute Entscheidung die Toilette nicht neben die Küche zu setzen!

Was du in der Analyse auch machen kannst, ist, dass du alle deine beobachteten Elemente in einen grösseren Zusammenhang miteinander stellst und sie zusätzlich noch auf ihre Vernetztheit überprüfst.

Bei der sogenannten **SWOC-Analyse**, SWOC, steht für Strengths, Weaknesses, Opportunities und Challenges zu Deutsch Stärken, Schwächen, Möglichkeiten und Herausforderungen oder Einschränkungen, schnappst du dir ein bestimmtes Element deines Projektes, betrachtest es in Bezug auf ein konkretes Ziel und sortierst seine individuellen Merkmale in diese Kategorien.

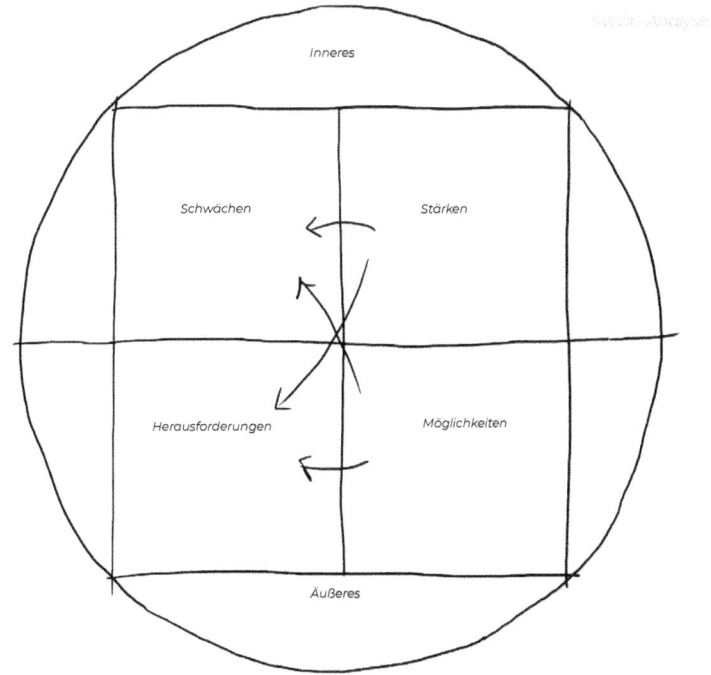

SWOC-Analyse

Wie sieht es denn da bei dir selbst aus?

In Bezug auf dein Gestaltungs- und Lernanliegen:
Was sind deine Stärken?
Also welche positiven Eigenschaften und Fähigkeiten hast du, die dir in dem gesamten Prozess helfen können?
Welche Schwächen, das meint Trigger, blinde Flecken, negative Glaubenssätze oder Muster hast du, die dir im Weg stehen könnten?
Die Stärken und Schwächen liegen in dir, sie wirken also von innen nach aussen.

Dann frag dich:
Worin siehst du Möglichkeiten auf Unterstützung durch dein Umfeld und Netzwerk, stehen dir vielleicht noch ungenutzte Ressourcen zur Verfügung?
Siehst du für dein Umfeld besondere Chancen in deinem Vorhaben?

Zum Schluss werde dir deiner Herausforderungen, Einschränkungen oder möglichen Risiken bewusst. Wie sieht es zum Beispiel mit deiner Zeit und deinen anderen Verpflichtungen aus?
Gibt es Gefahren, die auf deinem Weg liegen könnten?

Die Möglichkeiten und Herausforderungen liegen im Aussen, sie stehen dir zur Verfügung oder wirken von dort auf dich ein.

Wenn du richtig gründlich sein möchtest, nutze dabei nicht nur deine Eigenwahrnehmung, sondern lass dir Feedback zu den einzelnen Bereichen geben und integriere die Fremdwahrnehmung von guten Bekannten, oftmals führt das zu überraschenden Einsichten und Erkenntnissen.

Es geht darum Muster in Eigenschaften und Verhalten, sowie Ressourcen und Begrenzungen zu erfassen.
Dann werden sie kategorisiert und somit bewertet, also in einen bestimmten Kontext gesetzt.

Das wird vor allem dann deutlich, wenn in Bezug auf einen bestimmten Betrachtungsrahmen eine Eigenschaft als „Schwäche" gesehen wird, in einem ganz anderen Betrachtungsrahmen die gleiche Eigenschaft allerdings eine klare Stärke ist.

So viel zu: Das Problem ist die Lösung.

Für mich fängt bei dieser Methode der eigentliche Analyse-Teil an, wenn du die vier Bereiche in Beziehung miteinander setzt. Du dich also zum Beispiel fragst:

Wie könnten meine Stärken oder die Möglichkeiten meines Netzwerks mir dabei helfen potenzielle Herausforderungen"zu meistern.

Diese Methode lässt sich, wie du sehen kannst, auf dich selbst aber auch auf alle andere Faktoren und Elemente deines Projekts anwenden.

So kannst du eine grosse Matrix erstellen, die dir dabei hilft, in Anbetracht eines bestimmten Rahmens und Blickwinkels, die einzelnen Bestandteile deines Systems mit ihren spezifischen Eigenheiten optimal miteinander zu verknüpfen und in Beziehung zu bringen.

5. Wegweiser

Eine andere Möglichkeit wäre die
Input-Output-Analyse:

Hierbei listest du alle beobachteten und von dir gewünschten Komponenten, die du ins System einbringen möchtest in Fachbereichen auf und schaust zunächst, welchen Input, also welche Auf- oder Zuwendung sie brauchen, um im System, falls gewünscht, aktiv zu bleiben oder darin von dir etabliert zu werden.

Die Idee für das Trocken-Trenn-Toiletten-System besteht aus, ich umreisse das 'mal ganz grob:

Einmal natürlich das stabile, gemütliche und einladende ToilettenHäuschen als Bauwerk, samt Innenraumausstattung. Ein hygienisch einwandfreies System für Kot und eins für Urin. Eine handfreibedienbare Handwaschstation im Aussenbereich. Sowie das pflegearme vertikal-Duftpflanzen-Beet mit halbautomatischer Bewässerung.

Was bräuchte das denn jetzt so alles an Input?

Brainstorme einfach erst einmal drauf los und dann kann dir eine Mindmap helfen. Das ist eine visuelle Methode der Darstellungsform um komplexe Gedanken, Ideen und Assoziationen abzubilden.

Zunächst der Material-Input:
Für den Aussenbereich geeignetes Bauholz in verschiedenen Massen, sowie Werkstoffe wie vielleicht Schrauben, Nägel, Glas, die Klobrille, den Urinabscheider, Schläuche, Behälter, Regenrinnen, Lehm, Sand, Wasser, Farbe. Des Weiteren braucht es die dauerhaft erforderlichen Verbrauchs-Rohstoffe, wie die zu Beginn erwähnte Einstreu, Toilettenpapier, Müllbeutel,...
Zudem bestimmte Werkzeuge, elektrischen Strom für die Maschinen und so weiter.
Ausserdem jeweils unterschiedliche Mengen an Beschaffungs- und Produktionsenergie, Gestaltungskompetenzen, menschliche Arbeitskraft, Zeit und Geld für das Suchen, Finden, den Transport und oder Kauf von Werkstoffen.

Diese Liste ist bei dir, durch deine zuvor durchgeführte gründliche Beobachtung, natürlich viel differenzierter und ausführlicher. Solltest du merken, dass sich bei dieser Auflistung Fragen ergeben sollten, springst du bei Bedarf einfach wieder in die Recherche zurück.

Dasselbe kannst du nun auch zum Output machen.
Du fragst dich:
welche Erträge werden von den Elementen erschaffen?

Erträge meint materielle Erzeugnisse aber auch Qualitäten, Eigenschaften im Verhalten und Funktionen.
Überlege dir nicht nur welche positiven, sondern auch welche negativen Nebeneffekte könnte das Element mit sich bringen.

Ein einfaches exemplarisches Beispiel:
Im Fall des Toiletten-Häuschens wären materielle Erträge ganz klar der Kot-Kompost, der Urin-Dünger, aber zum Beispiel auch über das Dach sammelbares Regenwasser.

Ein negativer Nebeneffekt könnte sein, dass sich durch vernachlässigte Pflege unangenehme Gerüche bilden können.

Neben seiner offensichtlichen primären Funktion bietet das Häuschen zusätzlich noch Autonomie, Schatten, Wind-, Regen- und Sichtschutz für die Privatsphäre.

Eine Eigenschaft von natürlichen Baustoffen im Außen ist, dass sie im Laufe der Zeit durch Wind und Wetter zu Verfärbung und Zersetzung neigen.

Qualitative Erträge, die das Toiletten-Häuschen bei ihren Nutzer*innen erzeugen könnte, wären vielleicht Neugier, Abwechslung, Mut, Entspannung, neu generiertes Wissen und so weiter.

Analytisch haben wir bis jetzt noch an der Oberfläche gekratzt. Das war eine Aufwärm-Fingerübung.

Es geht noch eine Ebene tiefer, in der du die einzelnen Materialien selbst mit ihren spezifischen Aufwendungen, also Inputs und Erträgen, den Outputs hinterfragst.

Aus unserer Mindmap nehmen wir einmal den natürlichen Baustoff Lehm als Element innerhalb unserer Toiletten-Haus-Konstruktion, egal ob als Mörtel, Putz oder zu Steinen geformt als massive Wandkonstruktion.

Was bräuchte Lehm als Input, damit er verfügbar wird?

Entweder einen Händlerkontakt und anschließend Geld und für die Abwicklung anfallende Ressourcen, wie für den Transport.

Oder etwas Zeit und ein paar Probegrabungen auf dem Gelände, denn Lehm befindet sich hier und da im Boden unterhalb der Humus-Schicht.

Er ist ein Gemisch aus Sand, Schluff und Ton.
Wenn du Erde zu einer glatten, festen und etwas klebrigen Rolle formen kannst, bist du auf Lehm gestossen!

Klar, du brauchst dann noch ein bisschen mehr Wissen über die Weiterverarbeitung, aber ansonsten ist das ein relativ geringer Input.

Und wie steht es um den Output?

Der Output von Lehm als Baustoff ist mannigfaltig.
Er ist wiederverwendbar, ressourcenschonend, die Verarbeitung erfolgt ohne den Zusatz von chemischen Stoffen.

Er hat wärmespeichernden Eigenschaften. Lehmbaustoffe sind diffusionsoffen und haben eine optimale Sorptionsfähigkeit.
Das macht sie zu natürlichen Klimaanlagen, das wiederum verhindert Schimmelbildung.

Die im Lehm enthaltenen Tonminerale vermindern die Bildung von unangenehmen Gerüchen.

Lehm dient ebenfalls als Holzschutz. Hölzer, die in Verbindung mit Lehm eingebaut sind, werden von ihm trocken gehalten, was dafür sorgt, dass das Holz nicht von Pilzen oder Insekten befallen wird.

Lehm ist ein kreativer Baustoff, der sich in individuelle und flexible Formen bringen lässt.
Er ist sehr einfach zu verarbeiten, das Material ist hautfreundlich und kann mit klarem Wasser leicht abgewaschen werden.

Aha! Und jetzt?

5. Wegweiser

Was denkst du passt besser zu unserem Gestaltungsanliegen Zement oder Lehm?

Falls du gar nicht auf die Idee mit dem Lehm gekommen bist, sondern als Element oder auch Produkt von vorneherein Zement in deiner List auftaucht, wird durch die Input-Output-Analyse schnell klar, dass dieser Baustoff womöglich nicht unbedingt zu deinem Gestaltungsanliegen oder der Permakultur-Ethik passt.
In diesem Fall springst du auch wieder zurück in die Recherche und suchst nach Alternativen zu Zement"und wirst früher oder später beim Lehm landen.

Der Vollständigkeit zuliebe gehen wir noch einmal in die Trocken-TrennToilette hinein. Unser materieller Ertrag dort ist schließlich unser Herzstück.

Also:
Was braucht es, damit der Abbau unseres organischen Materials optimal vonstattengehen kann?

Da brauchen wir als Input zuerst einmal gute Nahrung. Eine vegetarische Ernährung wirkt sich übrigens sehr positiv auf die „NichtGeruchsbildung" aus. Medikamente hingegen können den Umsetzungsprozess verlangsamen.

Der Kot hat die Eigenschaften, dass er recht einfach kompostierbar und sehr nährstoffreich ist.
Dabei gilt es darauf zu achten die möglicherweise enthaltenen Krankheitskeime durch gründliche Kompostierung abzutöten.

Eine ordentliche Verrottung führt ebenfalls zur Reduktion des durch Kot und Einstreu entstandenen Volumens.

Meiner Erfahrung nach: auf nach einem Jahr etwa ein Zehntel. Das ist sehr wichtig mit auf dem Schirm zu haben, denn wie anfangs erwähnt, legen wir pro Tag zwischen 50 und 250 Gramm, da kommt dann noch einmal etwa die gleiche Menge an Einstreu drauf und das für 60 Menschen, nun geht so ein Humus-Festival ja 8 Tage, dann sind das erstmal 150 Kilogramm an Roh-Kompost. Der sich zum Glück nach einem Jahr wieder auf 15 Kilogramm reduziert.

Wenn das Ganze also fertig ist, haben wir nicht nur nur noch ein kleines Häufchen famose Komposterde"und somit feinsten Dünger für unsere Gehölze, sondern auch einen der natürlichsten Kreisläufe unserer Spezies

geschlossen!
Fetter Output würde ich sagen.

Weil die Kompostierung sehr wichtig ist, möchte ich noch etwas zur Einstreu sagen:
Als Einstreu wird das Material bezeichnet, welches wir nach dem Toilettengang anstatt der Wasserspülung dem Kot zugeben, damit dieser gut kompostieren kann.

Was haben wir da ausser dem Toilettenpapier, das als Input auf jeden Fall schon einmal einen gewissen Produktionsprozess und Geld braucht, denn wir müssen es kaufen.

Gibt's da eigentlich eine Alternative?
Die Po-Dusche.
Ich persönlich bin da kein Fan von. Da kauf ich lieber recyceltes Toilettenpapier, dass die wichtige Eigenschaft hat Feuchtigkeit zu absorbieren.
Davon brauchen wir mehr, damit der Kot austrocknet und nicht verschlemmt.
Das würde übrigens auch gegen die Po-Dusche sprechen.

Hobel- oder Sägespäne sind als Einstreu-Material hervorragend geeignet.
Sie haben ebenfalls die Eigenschaft Feuchtigkeit zu absorbieren.
Was sie zusätzlich noch für Funktionen abdecken, ist dass sie Gerüche binden, die Verrottung fördern und dem Ganzen durch ihre Fasern zu Struktur verhelfen.

Allerdings ist Holz nicht gleich Holz, denn Eiche beispielsweise enthält eine Menge Gerbstoffe, was dazu führt, dass sie sich nur sehr langsam zersetzt.
Ein Nachteil für unsere Einstreu, ein Vorteil für unsere Aussenbereichskonstruktion, wenn Eiche nicht so teuer wäre, vielleicht gibt's die ja gebaucht? Auf jeden Fall mal merken.

Was wäre der Input beziehungsweise, wie kommen wir an diese hochgeschätzte Hobelspan-Ressource ran?
Mmh, wir könnten in Schreinereien der Region anfragen, ob wir deren Späne haben können.
Die sind meistens etwas irritiert, wenn man dann mit großen Säcken pfeifend fegend durch die Werkstatt rauscht und sich über ihren vermeintlichen Abfall freut.
Aber sei's drum.

Der Einsatz von Geld kann ein Projekt selbstverständlich enorm fördern.
Der Nachteil kann allerdings auch sein, dass es dazu verleitet, eher die schnelle und einfache Lösung zu wählen und vielleicht nicht zu wissen, welche Menschen und Projekte man damit unterstützt, wie großder ökologische Fussabdruck für diese schnelle und einfache Lösung ist und welche Lernerfahrungen man sich so eventuell entgehen lässt.

John Croft, der Begründer des DragonDreaming, sagte einmal: „Kein Projekt scheitert am Geld - es scheitert höchstens an einem Mangel an Motivation und Kreativität."

Meiner Erfahrung nach hat John Recht.
Beim Nutzen von alternativen Ökonomien kam am Ende zwar meist nicht genau das heraus, was ich ursprünglich mal wollte oder es dauerte länger, aber ich muss sagen, es hat sich stets gelohnt, weil der Ertrag, der Output, vor allem auf qualitativer Ebene viel facettenreicher war.

Der Prozess ist eben mindestens genauso wichtig wie das Ziel.

Und selbst wenn du das nötige Geld für dein Projekt haben solltest, probiere doch einmal aus dich bewusst auf die Suche nach Alternativen zu machen, um den Input Geld für eins deiner Elemente oder Produkte kreativ zu umgehen. Durch diese Erlebnis- und Lerngeschichte wächst dein Bezug zu deinem Projekt und den beteiligten Mitmenschen um ein Vielfaches.

5.
Wegweiser

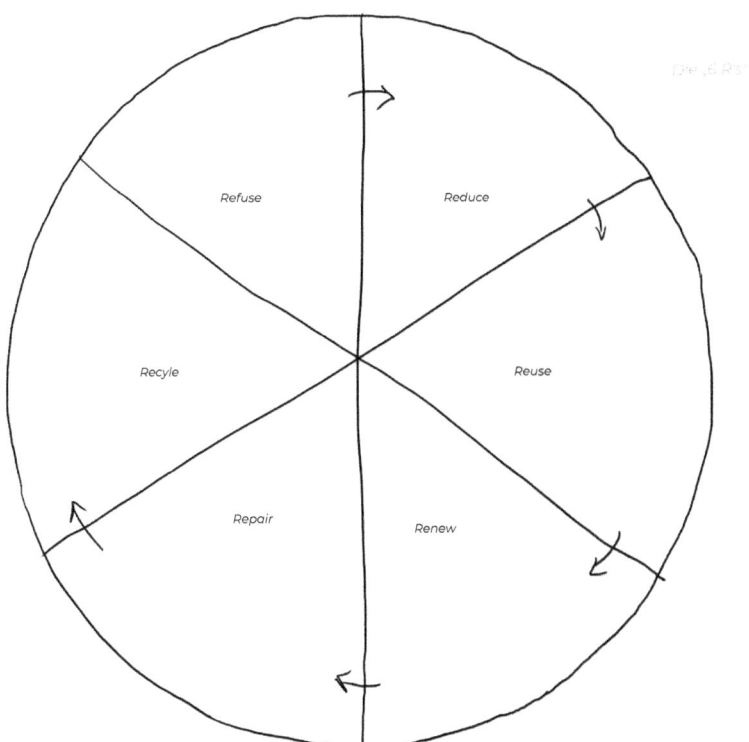

Die „6 R's"

Bill hat die Ressourcenkaskade der „6 R's" entwickelt. Die R's bauen aufeinander auf, das bedeutet, dass das zweite „R" nur angewandt wird, wenn dir das Erste nicht möglich ist oder nicht in Frage kommt und so weiter.

1. Refuse,
aus dem Englischen; bedeutet Ablehnen
Lehne ein Produkt oder einen Konsumartikel ab, also kaufe ihn gar nicht erst. Positiv formuliert: Kaufe nur das, was du wirklich, wirklich benötigst.

2. Reduce,
bedeutet Reduzieren
Reduziere deinen Ver- und Gebrauch bestimmter Produkte.

3. Reuse,
bedeutet Wiederverwenden
Verwende ein Produkt weiter, oder sorge dafür, dass es weiterverwendet werden kann.
Ein Beispiel ist Second Hand-Kleidung.

4. Renew,
bedeutet Erneuern
Mach deine Produkte haltbar oder pflege sie regelmässig, sodass sie ihre Funktion möglichst lange störungsfrei erfüllen können.

5. Repair,
bedeutet Reparieren
Kaufe möglichst nur reparierbare Produkte. Bei Beschädigungen versuche sie zu reparieren oder reparieren zu lassen, anstatt sie direkt wegzuwerfen und neu zu kaufen.

6. Recycle,
bedeutet Wiederverwerten
Erfüllt ein Produkt seinen eigentlichen Zweck nicht mehr, schaue, wie du es oder Teile davon in den Kreislauf zurückführen kannst.

Merkbox

Ressourcenbeschaffung: Überlege kreativ, wie du an benötigte Ressourcen kommst, z.B. durch Anfragen bei lokalen Betrieben.

Geld vs. Kreativität: Obwohl Geld hilfreich ist, kann es dich von kreativen Lösungen abhalten. Die Qualität des Prozesses ist genauso wichtig wie das Ziel.

Ressourcenkaskade der „6 R's":
Refuse: Kaufe nur, was du wirklich benötigst.
Reduce: Minimiere deinen Verbrauch.
Reuse: Nutze Produkte erneut.
Renew: Pflege und erhalte deine Produkte.
Repair: Repariere Produkte anstatt sie wegzuwerfen.
Recycle: Bring Produkte oder Teile davon zurück in den Kreislauf.

5. Wegweiser

Wieder zur Einstreu:
Was in der Einstreu auch auf keinen Fall fehlen sollte ist Gesteinsmehl, Holzasche und Holzkohle.
Die haben alle samt ebenfalls geruchsbindende und rottefördernde Eigenschaften.

Bei der Holzkohle nimm' am besten welche, die durch Pyrolyse gewonnen wurde, das ist eine sauerstoffarme Verbrennung.

Der Vorteil ist, dass sich dann keine polyzyklischen aromatischen Kohlenwasserstoffe bilden.
Das sind krebserregende Schadstoffe, die du nicht unbedingt im Kompost möchtest.

Ein Pyrolyse-Öfchen kannst du einfach selbst bauen.
Viel Kohle für die Einstreu brauchst du gar nicht.

Mit dem Öfchen könnte auch gekocht werden.

Die Abwärme, die dabei entsteht, kann bis zu 1000 Grad Celsius erreichen.

Zurück zum Kot:
Kleiner Hinweis für Nerds:
Du kannst gerne auch mit Pilz-Mycel und Milchsäurebakterien experimentieren.
Das kann die Umwandlung von organischem Material in Kompost deutlich beschleunigen.

Apropos Milchsäurebakterien:
Da wir ja eine Trocken-Trenn-Toilette bauen wollen, also auch den Kot vom Urin trennen möchten, zur Erinnerung, das ist gut, denn so trocknet der Kot aus, kompostiert also leichter und stinkt nicht, wo war ich?
Achja, dadurch haben wir ja auch noch den Urin, um den wir uns kümmern müssen.

Ich will dir nicht den ganzen Spass beim Forschen, Recherchieren und Herausfinden nehmen, deshalb geh' ich da jetzt nicht im Detail drauf ein, aber ein paar Tipps möchte ich dir trotzdem nicht vorenthalten:

Urin besteht zu ungefähr 95 Prozent aus Wasser.
Die restlichen etwa fünf Prozent enthalten unter anderem viel Stickstoff, Phosphor und Kalium.
Hast du schon 'mal was vom NPK-Dünger gehört?
Wenn nicht ecosia das mal.

In der Natur an unterschiedliche und schattige Plätze zum Pinkeln zu gehen ist kurz gesagt sehr fruchtbar.
Es könnten für eine Veranstaltung sogar kleine Strohballen als Pissoirs an geeigneten Orten ausgelegt werden. Der Stickstoff im Urin und der Kohlenstoff im Ballen vertragen sich vorzüglich und so wird der Kompostierungsprozess beschleunigt den Ballen in feinen Humus zu verwandeln. Nach der Veranstaltung könnten dann darauf Starkzehrer wie beispielsweise Zucchini oder Kürbis gepflanzt werden.

Was ich damit sagen möchte ist, pinkle auf der Trocken-Trenn-Toilette nur, wenn es unbedingt nötig ist, denn dort muss der Urin zunächst in einem Behälter aufgefangen und zwischengelagert werden, was Platz braucht und zusätzliche Arbeits- und Pflegeschritte nötig macht.

Was an der Urinabscheidung in der Toilette zu beachten ist, ist dass sich bei Fäulnisprozessen Ammoniak durch den Abbau von Eiweissen bildet. Der Ammoniak wird anschliessend von Bakterien in Nitrat umgesetzt.
Das ist völlig in Ordnung und richtig so, nur kann das zeitweilig etwas unangenehm riechen!

Die Geruchsbildung kannst du vermeiden, indem du deinem Urin-Behälter Milchsäurebakterien zufügst, das Gebräu nach dem Stuhlgang etwas zuckerst, so regst du die Bildung von Milchsäure an und im besten Fall auch noch luftdicht verschliesst.

Diese Fermentation gleicht den pH-Wert aus und sorgt ausserdem dafür, dass der Stickstoff im Urin für Pflanzen noch verfügbarer wird.
Eine interessante Wissenschaft für sich.

So jetzt reicht's aber, ich glaube du hast es verstanden.

Merk dir:
Es kann nie genug analysiert werden!

Warum machen wir das nochmal?
Na, um möglichst nah an die Komplexität des Systems, in dem wir uns bewegen, dass wir beplanen und ja auch verstehen möchten, ranzukommen.

All das das ist wichtig, um dir vor Augen zu führen, auf welche Elemente du dich im weiteren Verlauf der Planung besonders konzentrieren solltest.

Also welche zwar schön wären und irgendwie Lieblingsideen sind, jedoch womöglich einen viel zu hohen energetischen, ressourcen- oder zeittechnischen Aufwand bedeuten.

Welche Elemente den grösstmöglichen Output zum Beispiel die vielfältigsten Funktionen abdecken, somit also andere ergänzen oder gar ersetzen können und so weiter.

Kurz: Welche Elemente in Anbetracht deiner individuellen Ressourcen und Begrenzungen der Zweckmässigkeit, Beständigkeit und Ästhetik deines Projekts in Bezug auf dein Gestaltungsanliegen für deine weitere effektive und effiziente Planung geeignet sind.

Ich persönlich nehme mir gerne grosse Plakate und bunte Stifte.

Dann wird auf Schnippseln gebrainstormt, diese geclustert, also gebündelt, gemindmap-t, ge-matrix-t, Fäden gespannt, um die Verbindungen und Beziehungen darzustellen, rot für negative Effekte und grün für Positive, dazu dann vielleicht noch ein bis fünfzehn Tabellchen und am Ende ein grosses Fazit.

Wie du das machst, ist eigentlich völlig egal, Hauptsache es macht Spass und du bekommst einen ganzheitlichen Blick auf und für dein Projekt!

Vergiss nicht deine Arbeit mit den Analyse-Methoden wieder kurz zu reflektieren.

Merkbox

Beginne damit, alle relevanten Daten aus deiner Beobachtung zu erheben.

SWOC-Analyse:
Strengths (Stärken): Was sind deine positiven Eigenschaften und Fähigkeiten?
Weaknesses (Schwächen): Welche Hindernisse oder negative Muster könnten dir im Weg stehen?
Opportunities (Möglichkeiten): Welche Chancen bieten sich dir von außen, durch dein Umfeld oder Netzwerk?
Challenges (Herausforderungen): Welche Risiken oder Einschränkungen könnten deinem Projekt im Weg stehen?
Innen und Außen unterscheiden: Stärken und Schwächen kommen von innen, während Möglichkeiten und Herausforderungen von außen kommen.

Muster erkennen: Erkenne Muster in Eigenschaften, Verhalten, Ressourcen und Begrenzungen. Kategorisiere und bewerte sie im Kontext deines Projekts.

Feedback einholen: Nutze nicht nur deine Eigenwahrnehmung, sondern hole auch Feedback von anderen, um eine umfassende Perspektive zu erhalten.

Beziehungen herstellen: Verknüpfe die vier Bereiche der SWOC-Analyse miteinander und überlege, wie Stärken und Möglichkeiten genutzt werden können, um Herausforderungen zu meistern.

Matrix erstellen: Nutze die SWOC-Methode, um eine Matrix zu erstellen, die alle Elemente deines Projekts in Beziehung zueinander setzt.

Input-Output-Analyse durchführen:
Listet alle relevanten Komponenten auf, die in deinem Projekt eine Rolle spielen.
Welcher Input benötigt wird, damit sie etabliert bleiben oder werden können?
Welchen Output (Produkte, Funktionen oder Qualitäten) generieren oder haben sie?
Überlege bei jedem Element oder Produkt die Vor- und Nachteile.

Zusammenhänge erkennen: Stelle sicher, dass du die Vernetztheit und den größeren Zusammenhang deiner beobachteten Elemente überprüfst.
Denkt daran, die Analyse regelmäßig zu überprüfen und anzupassen, um optimale Ergebnisse zu erzielen. Identifiziere Schlüsselelemente für eine effektive Planung.
Überlege, welche Ressourcen du wirklich benötigst und welche den größten Nutzen bringen.

→ 6. *Wegweiser*

Designen, das D von BCADUZ

Und schon kommen wir in die Designphase, dem Kern des Prozesses. Spätestens hier kannst du dann anfangen mit verschiedensten Entwürfen richtig kreativ zu werden.

Von **Explosionszeichnungen**, die eine Konstruktion in seine Einzelteile zerlegt darstellen, bis hin zu **Sukzessionszeichnungen**, bei denen du entweder einen simplen Arbeitsablaufplan aufstellst, kleiner Tipp schlag auf Kalkulationen generell 30% auf, oder mit verschiedenen Transparentpapieren, Overlays"genannt, über die „Basemap gelegt, verschiedene Zustände der Zukunft sichtbar machen kannst.

Das ist sehr hilfreich, wenn es darum geht, peu à peu einen Garten anzulegen oder sich bewusst zu machen, dass im ersten Jahr gepflanzte Gehölze nach 10 Jahren womöglich einen viel grösseren Raum einnehmen, als vermutet.

In unserem Beispiel wäre es vielleicht angebracht mit einzubeziehen, dass, wenn die Veranstaltung größer werden könnte, es dadurch mehr Toiletten braucht und somit auch mehr Platz für die Kompostierung der Erzeugnisse.
Vielleicht sollen noch Duschen oder andere Sanitär-Konstruktionen dazukommen. Vielleicht hast du Spaß daran dafür kleine Modelle zu bauen.

Du kannst dir mit der **Minimal-, Maximal-Methode** überlegen, wie würde der minimalste Eingriff in das System aussehen, also was bräuchte am aller wenigsten Input und wäre eine Sparflammen-Lösung und wie sähe die Visionsexplosion deiner kühnsten Toiletten-Träume, also das Maximum auf dem Gelände aus.
Danach kannst du gut abwägen, welches Mittelmass daraus aufgrund deines bisherigen Wissensstands angemessen sein könnte.

Andere Methoden wären:
Die Worst-Case Methode.
Sie befasst sich tiefgreifend mit allem, was schief gehen könnte.

Die Identitäten-Methode.
Dabei schlüpfst du in die Rolle eines Lebewesens deines Systems und gestaltest es aus seiner Perspektive.
Es ist sehr erfrischend und bereichernd für einen Entwurf, auch einmal den Blickwinkel eines Regenwurms, einer Wühlmaus, einer Spaziergängerin oder die des Nachbarn einzunehmen.

Bei der **Zonierungs-Methode** würdest du schauen, welche Elemente am meisten Aufmerksamkeit benötigen und ordnest sie in 5 verschiedenen Zonen konzentrisch um deinen Hauptaktivitätsknotenpunkt an.

So holst du dir bei einer Gartenplanung zum Beispiel die Küchenkräuter zur täglichen Ernte, sowie das pflegeintensive Gemüse nah an die Küche in Zone 1 und setzt die Obstgehölze, zu denen du nur ein paar Mal im Jahr gehst in die Zone 3. Zone 5 ist die Wildniszone, ein Ruheraum für Mensch und Natur. Diese Zone bleibt ungestaltet.

In unserem Beispiel sieht das vielleicht so aus, dass sich in Zone 1 das Toilettenpapier, die Einstreu, Milchsäurebakterien, Zucker, Reinigungsmittel und ein Abfalleimer befinden sollten. Alles, was du griffbereit in Armlänge von dir entfernt brauchst.

In Zone 2 ist dann die Lagerkiste zum Nachfüllen der eben erwähnten Elemente, außerdem das Handwaschbecken und die Duftkräuter beides durch das halbautomatische Bewässerungs-System gespeist, dessen Speicherbehälter selbst sich in Zone 4 befindet, wo auch die Behälter für Urin und Kot platziert sind.
Auf dem Dach befindet sich eine Dachbegründung, welche die Zone 5 darstellt und so weiter.

Die Pflegeplan-Methode darf selbstverständlich nicht fehlen! Dabei listest du alle wiederkehrenden Instandhaltungsaufgaben auf, von täglich bis jährlich.
Es kann auch helfen für verschiedene Aufgaben verschiedene Rollen, wie Hauptverantwortliche, Backup für die Hauptverantwortliche, Mensch, der eingelernt wird, Berater*in und so weiter, samt deren klare Verantwortungs- und Autonomiebereiche zu definieren.
Ach, und es noch gibt so viele spannende Designmethoden mit deren Hilfe du ein sowas von gutes Gefühl für dein Projekt bekommst!

Eins noch:

Natürliche Muster kannst du als Inspiration für die Gestaltung von Strukturen und Formen zurate ziehen. Die Fibonacci-Spriale, der goldene Schnitt, Fraktale und die Mandelbrot-Menge, Kugel- und Eiformen, Mäander, Wellen, Overbeck-Jets und Tori, Verzweigungen, Streuung, Parkettierung, Spiegel- und Mehrfachsymmetrien und dergleichen.
Wenn dich so etwas interessiert, dann besorg dir unbedingt das Buch Eine Mustersprache- Städte, Gebäude, Konstruktionen von Christopher Alexander.

Designphase: Beginne mit kreativen Entwürfen und überlege, welche Methoden am besten für dein Projekt geeignet sind.

Explosions- & Sukzessionszeichnungen: Stelle Konstruktionen in Einzelteilen dar und plane langfristige Entwicklungen.

Raumplanung: Berücksichtige zukünftige Raumbedarfe, z.B. bei wachsenden Veranstaltungen.

Minimal-, Maximal-Methode: Überlege, wie der kleinste und größte Eingriff in das System aussehen könnte und finde das ideale Mittelmaß.

Andere Methoden:
Worst-Case Methode: Was könnte schief gehen?
Identitäten-Methode: Schlüpfe in die Rolle anderer Wesen oder Personen und designe aus ihrer Perspektive.
Zonierungs-Methode: Ordne Elemente nach ihrer Notwendigkeit in Zonen um einen zentralen Punkt.
Pflegeplan-Methode: Liste wiederkehrende Aufgaben auf und definiere klare Rollen und Verantwortungsbereiche.
Inspiration aus natürlichen Mustern: Nutze Muster wie die Fibonacci-Spirale, den goldenen Schnitt oder Fraktale für deine Designgestaltung.

6. Wegweiser

----- Tipp -----

Denk' daran, dass deine erste Idee nicht immer die beste ist, selbst wenn sie brillant erscheint. Der erste Entwurf deines Projekts dient oft als Sprungbrett, das dich zu noch kreativeren und effektiveren Lösungen führen kann. Daher: Plane Zeit für den „Inkubationsprozess" ein, eine Phase, in der du deine Ideen ruhen lässt, bevor du mit der Umsetzung beginnst. Dies ermöglicht es, dass Unterbewusstsein weiter an den Herausforderungen zu arbeiten und oft tauchen im Nachhinein verfeinerte oder ganz neue, verbesserte Ideen auf. Du könntest in dieser Phase eine Pause einlegen oder dich mit ganz anderen Aktivitäten beschäftigen - und plötzlich, beim Spaziergang oder Duschen, kommt die zündende Idee oder Lösung!

----- Tipp -----

Versuche dich geistig einmal auf den Kopf zu stellen! Statt von vorne nach hinten zu planen, stell dir vor, dein Projekt sei bereits erfolgreich umgesetzt worden: Visualisiere das fertige Projekt, stell dir den absoluten Idealzustand vor. Was musste passieren, um diesen Zustand zu erreichen? Welche Hürden wurden erfolgreich genommen? Welche Ressourcen wurden gebraucht? Und wer war beteiligt? Dieser Kopfstand gibt dir eine klare, motivierende Vision von deinem Ziel und hilft dir, die wirklich entscheidenden Schritte dorthin zu identifizieren

---

So, auf jeden Fall sind wir jetzt 'mal bei der dritten Säule angelangt: den **Permakultur-Prinzipien**.

Du erinnerst dich?
Es gibt verschiedene Prinzipien-Sets, sie sind wie Merksätze, welche die Eigenschaften von Ökosystemen abbilden. Mit deren Hilfe lassen sich recht stabile Systeme bauen.

Die Prinzipien kannst du in dieser Phase direkt zu Rate ziehen oder dein Projekt-Design am Ende damit überprüfen.
Schnapp dir ein PrinzipienSet und geh' es einfach durch.

Hier sind die 12 Permakultur-Prinzipien von David:
01. Beobachte erst und interagiere dann
02. Sammle und speichere Energie
03. Erziele einen Ertrag
04. Nutze Selbstregulation und akzeptiere Feedback
05. Nutze erneuerbare Ressourcen und Dienstleistungen
06. Produziere keinen Abfall
07. Gestalte vom Muster hin zum Detail
08. Integriere eher als zu trennen
09. Nutze kleine, langsame Lösungsstrategien
10. Nutze und schätze die Vielfalt
11. Nutze und schätze Randzonen
12. Reagiere kreativ auf Veränderung

Findest du jedes Prinzip in deinem Design und Entwurfs-Prozess verwirklicht? Vielleicht sogar auf vielschichtige Arten und Weisen?

Wenn ich 'mal rhetorisch fragen darf: Wollen wir ein bisschen interaktiv werden?

Mal sehen, ob du gut aufgepasst hast. Wenn du nicht allein da auf der anderen Seite sitzt, dann überlegt gern gemeinsam.

Was denkst du, wo und wie besteht Potential, dass wir mit diesem Projekt konkret Energie sammeln und speichern können?

...

Wo und wie können wir erneuerbare Energien, Ressourcen oder Dienstleistungen nutzen?

...

Wo und wie können wir eher kleine, langsame und ressourcenschonende Lösungen einplanen?

...

Wo und wie setzen wir auf energiesparende Selbstregulations-Systeme der Natur?

...

Wo und wie schließen wir Kreisläufe oder gibt es noch Stellen, an denen wir Abfälle produzieren?

...

Wie können wir Feedback einbeziehen?

...

Wenn du dir die Zeit nimmst diese Prinzipien einmal sorgfältig zu den verschiedenen Teilaspekten deines Projekts durchzugehen, werden dir noch so viele Gedanken, Ideen und Erkenntnisse kommen.

------ *Merkbox* ------

Die Permakultur-Prinzipien sind Abbildung von Ökosystem-Eigenschaften. Sie sind dein Wegweiser durch den Prozess der Gestaltung eines stabilen, ökologischen Systems. Nutze sie im Vorfeld als Handlungsempfehlungen und währenddessen als Checkliste für dein Projekt.

Beobachte: Sieh zu, lerne, handle.
Sammle Energie: Finde Wege, Ressourcen zu speichern.
Erziele Ertrag: Sichere dir und anderen Nutzen.
Selbstregulation: Lass Dinge sich selbst ordnen.
Erneuere: Nutze nachhaltige Quellen.
Vermeide Abfall: Kreiere zirkuläre Systeme.
Design: Beginne mit groben Umrisse, arbeite ins Detail.
Integration: Verbinde, statt zu isolieren.
Kleine Lösungen: Starte bescheiden und lass es wachsen.
Schätze Vielfalt: Diversität ist Kraft.
Wertschätzung der Ränder: Entdecke das Potential am Rand.
Sei kreativ: Anpassung ist der Schlüssel zur Veränderung.

------ *Tipp* ------

Beginne einfach. Wende täglich ein Prinzip auf eine kleine, konkrete Aktion in deinem Projekt oder deinem Alltag an. Es wird nicht nur deinen Fortschritt stetig vorantreiben, sondern auch zu unerwarteten, positiven Ergebnissen führen!

Merk dir:
Es kann nie genug designt werden!

Auch hier hilft dir eine kurze Reflexion deiner angewandten DesignMethoden deinen Werkzeugkoffer auf Vordermensch zu bringen.

→ 7. Wegweiser

Umsetzen, das U von BCADUZ

Damit sind wir mit den Säulen durch!
Aber ein paar Sätze möchte ich noch zu den letzten beiden Prozess-Phasen des BADUZ sagen:

Bei der Umsetzung geht es dann darum das Projekt auch wirklich in die Welt zu bringen.

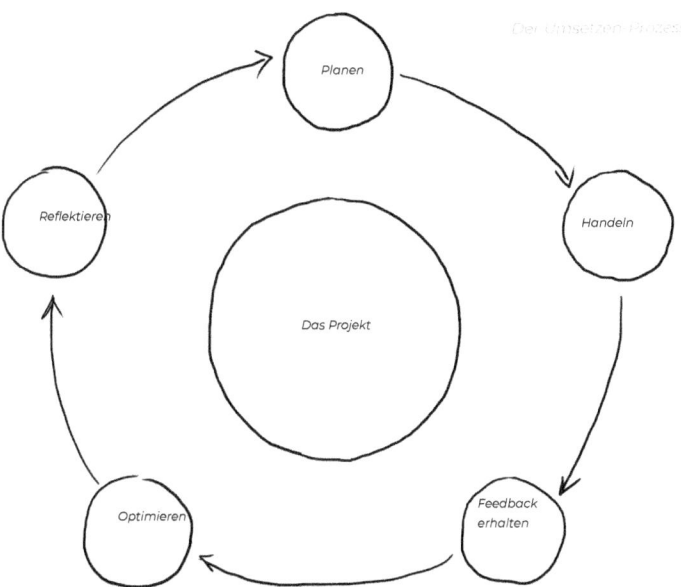

Der Umsetzungs-Prozess

Wie viele Träume und vielleicht auch Pläne von dir sind bisher Träume und Pläne geblieben?

Der Schritt von der Theorie in die Praxis braucht Commitment, Mut und Einsatz!

Nachdem du aber so gründlich beobachtet, analysiert und designt hast, bist du jetzt wirklich bestens vorbereitet.

Vergiss nicht, das Lernen hört nie auf und auch Fehler zu machen gehört jederzeit zum Leben dazu.

Vielleicht merkst du, dass es dir leichter fällt und mehr Spass macht mit anderen zusammen zu werkeln.

Der sogenannte Permablitz, ein anderer Name dafür ist Subotnik, ist eine Umsetzungs-Methode, bei der du Freunde zu einer Hauruck-Aktion einlädst, innerhalb eines Tages kann so womöglich ein ganzes Toiletten-Häuschen entstehen.

Überleg dir, was du brauchst, um aktiv zu werden und besorg dir das!

Sollte dir gerade das schwer fallen, mach doch mal ein Permakultur Design dazu.

Sobald die Toilette für dich fertig ist, probier' alle Funktionen einmal aus.

Lass' ein paar Leute ihr Geschäft erledigen und ernte direkt ihr Feedback.

Womöglich beobachtet ihr, dass ständig Einstreu in den Urinabscheider fällt, vor allem, wenn Kinder am Werk sind.

Dann steckt eure Köpfe zusammen, analysiert und designt kurz, um die Konstruktion durch ein paar kleine Handgriffe noch zu optimieren.

Und am Ende kommt natürlich wieder eine kleine Reflexion.

Umsetzen: Verwandle Theorie in Praxis. Verlasse dich nicht nur auf Träume und Pläne.

Lernbereitschaft: Sei offen für ständiges Lernen und akzeptiere, dass Fehler Teil des Prozesses sind.

Teamarbeit: Überlege, ob die Zusammenarbeit mit anderen die Umsetzung erleichtert. Nutze Methoden wie den "Permablitz" für schnelle, gemeinsame Aktionen.

Ressourcen: Identifiziere, was du für die Umsetzung benötigst, und besorge es.

Feedback: Teste das fertige Produkt und sammle Feedback von anderen. Nutze dieses Feedback für Optimierungen.

Anpassung: Wenn Probleme auftreten, analysiere und ändere das Design entsprechend.

Kennst du die „5-Minuten-Regel"? Wenn du dich davor scheust, ein bestimmtes Projekt zu starten oder eine Aufgabe zu erledigen, verpflichte dich einfach, fünf Minuten lang daran zu arbeiten. Oft ist der schwierigste Teil eines Projekts einfach nur anzufangen, und diese Methode kann diesen Anfang erleichtern. Die Psychologie dahinter ist, dass du nach diesen ersten fünf Minuten wahrscheinlich feststellen wirst, dass es gar nicht so schlimm ist, und du wirst weitermachen wollen! Selbst wenn das nicht der Fall ist, hast du in diesen fünf Minuten mehr erreicht, als wenn du es ganz vermieden hättest. Also, beim nächsten Mal, wenn du vor einer Aufgabe zurückschreckst, stell dir einfach einen Timer auf fünf Minuten und fang an!

Nutze „Positives Feedback" in deinen Projekten, um nachhaltige und stabile Systeme zu kreieren! „Positives Feedback" in der Ökologie und Permakultur bedeutet, dass ein bestimmtes Ergebnis oder Produkt eines Prozesses diesen Prozess weiter verstärkt. Ein einfaches Beispiel aus der Natur ist der Prozess, wie Bäume Regen „erzeugen": Bäume verdunsten Wasser und erzeugen Wolken, welche wiederum Regen bringen, der den Bäumen hilft. In deinem Projekt könntest du nach Wegen suchen, wie ein erzeugtes Element oder Ergebnis wiederum dem System zugutekommen und es weiter verstärken kann. Dies fördert eine nachhaltige und selbstverstärkende Struktur in deinem Projekt.

→ 8. Wegweiser

Zelebrieren, das Z von BOADUZ

Beim Zelebrieren geht es nach dem Umsetzen erst einmal um das Feiern deines Prozesses und der Ergebnisse.

Mach eine kleine Party oder tu dir selbst etwas Gutes, du hast grossartige Arbeit geleistet!

Und dann kommt der zweite Teil des Zelebrierens, die grosse Reflexion:

Hast du dein Gestaltungs- und Lernanliegen verwirklicht?

Welche Erkenntnisse hast du gewonnen?

Was waren deine grössten Aha-Momente?

Was hat dir am allermeisten Spass gemacht?

Welche neuen Fähigkeiten hast du entwickelt?

Wer oder was hat dir dabei besonders geholfen?

Welche Schwierigkeiten gab es?

Was hat mich am meisten beansprucht und weshalb?

Was war deine Rolle, wenn du mit anderen zusammengearbeitet hast?

Was hast du zum Gelingen der Gruppenarbeit beigetragen?

Wie bist du, seid ihr mit einem Konflikt umgegangen?

Hat dir das Prozessmodell getaugt?

Welche Methoden waren besonders hilfreich?

Welche hättest du dir sparen könne?

Ist es dir gelungen den Zeitplan einzuhalten oder hattest du dich verschätzt?

Was war an dem Projekt für dich Permakultur und was vielleicht nicht?

Wie könnte es mit dem Projekt weitergehen?

Dabei kannst du auch endlos ins Detail gehen. Unterschätze bloss nicht die fruchtbare Reichhaltigkeit dieser ganz persönlichen Ernte.

----- Merkbox ---

Feiere deinen Prozess und die Ergebnisse.
Reflektiere. Gehe dabei ins Detail und schätze den Wert dieser ganz besonderen und persönlichen Ernte.

→ 9.
Wegweiser

Fachwissen

Und als letztes schauen wir nochmal auf das Fundament des Permakultur-Hauses:
das Fachwissen.

Wir allein können nicht alles wissen, brauchen wir auch gar nicht.
Es gibt einen ganzen Haufen schlaue Menschen um uns herum und jede Menge konserviertes Wissen in Büchern, Filmen und im Netz.

Wichtig ist, dass wir lernen, wie wir uns dieses Wissen erschliessen, also das, was wir brauchen finden und mit den Medien, die es in sich tragen gesund umgehen.

Sie sind uns ein Werkzeug, nicht andersherum.

Wenn wir uns tief in eine Materie reinfuchsen, dann sammeln wir selbst ohne Ende erfahrungsbasiertes Fachwissen an.

Im Bereich der land- und sozialbasierten Permakultur-Gestaltung ist das sehr oft Pionierarbeit und unglaublich kostbar für eine enkeltaugliche Zukunft.
Dein Fachwissen ist pures Gold wert!

Deshalb gehört zu einer vollständigen Permakultur-Gestaltung zu guter Letzt noch eine Dokumentation.

Es geht darum das Projekt für andere nachvollziehbar und reproduzierbar zu machen, damit deine wichtigen Beobachtungen, Analysen, Entwürfe und Erfahrungen in das grosse kollektive Wissen eingehen können.
Zum Beispiel als Hörbuch, wie dieses hier.

Nebenbei gesagt, wenn du jetzt denkst, damit bist du dann durch mit der Permakultur-Gestaltung dieses Projekts, dann lass dir gesagt sein, meistens war das nur die erste Runde von vielen, denn eigentlich kannst du gleich wieder beim „B" einsteigen und probier' doch diesmal vielleicht noch ein anderes Prozess-Model oder andere Methoden aus.

------ *Merkbox* --

Das Fundament der Permakultur ist Fachwissen.
Dein Wissen ist für dich und zukünftige Generationen Gold wert!
Nutze vorhandenes Wissen aus Büchern, Filmen und dem Internet.
Lerne, wie du benötigtes Wissen findest und gesund mit Medien umgehst.
Vertiefe dich, um erfahrungsbasiertes Wissen zu sammeln.
Dokumentiere dein Projekt, um es für andere nachvollziehbar zu machen.

Permakultur-Gestaltung ist nie „fertig", sondern ein fortlaufender Prozess. Du kannst immer wieder von vorne beginnen und Neues ausprobieren.

Und während du wieder von vorne einsteigst, steig ich aus! Ich hoffe, dir hat diese kleine Einführung in den Vorgang permakultureller Gestaltung gefallen.

Es lohnt sich auch die beiden anderen Teile der Dokumentation „How to Humus" mit meinen Kollegen anzusehen.

Sometimes there is nothing else to do but draw and drink tea and maybe nibble on an orange.

"Dieser autoritische Anti-konformismus, diese Kosmologie von Wildnispädagogik und Permakultur, gespickt mit einer fast nihilistischen Leidenschaft für Selbstorganisation und gekennzeichnet durch alternative Lernweisen.

– Ist es als Revolution, Innovation oder Mythos gedacht?

Nur eins ist sicher: Erst der geplante Dokumentarfilm wird 2026 enthüllen, was sich wirklich hinter den Kulissen des Lernplatz abspielt." (New York Times, Book Reviews)

"DER FILM GEFIEL MIR BESSER."
(ANONYM)

"Eine großartig erzählte Geschichte"
(Horse & Hound Magazin)

"Wenn man sich vom unglaubwürdigen Plot nicht irritieren lässt, ist das Buch durchaus spannend, kann aber mit dem ersten Teil in unserer Eintracht nicht mithalten. Auch atmosphärisch eher unterdurchschnittlich."
(dpd 2020)

www.ingramcontent.com/pod-product-compliance
Lightning Source LLC
Chambersburg PA
CBHW050252230526
45470CB00005B/2226